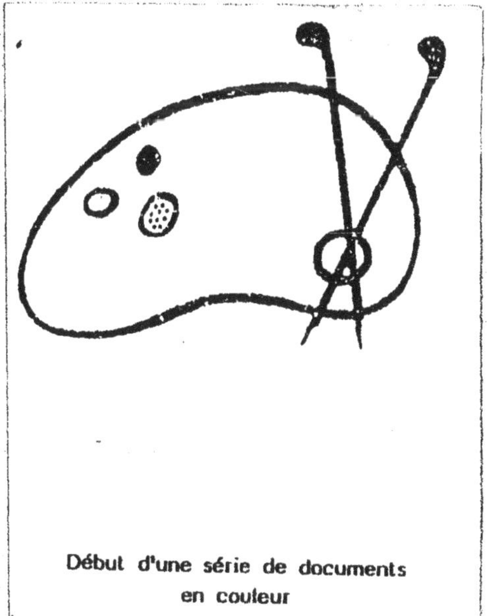
Début d'une série de documents
en couleur

N° 82 Prix : 10 centimes.

INDUSTRIE

LES TISSUS FAÇONNÉS

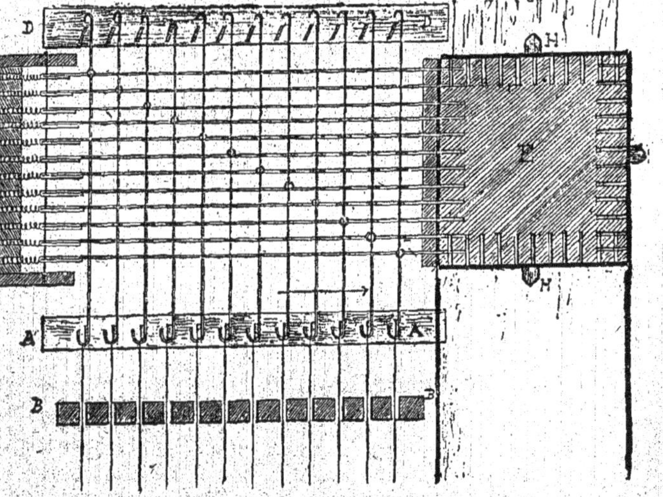

L. BOULANGER, éditeur, 90, boul. Montparnasse, PARIS.

LE LIVRE POUR TOUS

Aujourd'hui un livre, quel qu'il soit, ne peut compter sur un grand succès durable que s'il est tellement *bon marché* que tout le monde puisse l'acheter sans compter, s'il est *tellement intéressant* et utile, que tout le monde dise : « *Je veux le lire, l'avoir et le garder.* »

Or il n'y a pas de livres d'un intérêt plus réel, d'une utilité plus pratique et plus constante que ceux qui fournissent des *renseignements précis et complets* sur ce que tout le monde veut savoir et doit connaître.

Mais ces livres d'information et de référence ne sont vraiment bons qu'à la condition d'être des guides toujours sûrs, des conseillers toujours prêts à répondre exactement aux nombreuses questions que l'on a sans cesse à résoudre. Ils doivent être méthodiques, exacts, clairs, faciles à manier, commodes à emporter partout avec soi. Ils doivent en outre constituer dans leur ensemble la meilleure et la plus parfaite des encyclopédies; et en même temps chacune de leurs parties doit former un tout distinct, de telle sorte que celui qui veut se contenter de cette partie unique y trouve tout ce dont il a besoin.

Un dictionnaire ne peut réunir ces avantages : s'il est volumineux, il est cher et par conséquent pas à la portée de tous; s'il est petit, il est restreint, et les articles en sont nécessairement écourtés, incomplets. De plus le dictionnaire renvoie d'un mot à l'autre, il ne peut se lire à la suite, il contient des redites. Les manuels, les traités sont évidemment plus utiles, mais ils sont d'ordinaire d'un prix élevé, surtout quand il s'agit de questions spéciales ou scientifiques ou techniques.

Nous avons pensé qu'il restait à créer une collection réunissant, à la fois, l'utilité des dictionnaires et celle des manuels, et d'un prix si minime que tout le monde puisse se la procurer.

Nous avons donné à cette collection un titre général disant d'un mot ce qu'elle est :

Le Livre pour tous, c'est-à-dire le livre indispensable à tout le monde, le livre auquel on doit avoir recours en toute occasion et qui mérite toute confiance.

Le Livre pour tous donne à tous les connaissances nécessaires à tous. Il est le vade-mecum de toute instruction pratique, le répertoire de toutes les sciences usuelles.

Le Livre pour tous est le livre de tous ceux qui travaillent, qui étudient, qui s'informent, qui veulent s'éclairer, c'est-à-dire tout le monde.

Ce qui distingue notre collection de toutes celles que l'on a publiées dans le même genre et ce qui fait sa supériorité sur toutes les compilations adressées aux lecteurs sous prétexte de vulgarisation, ce qui doit lui donner la préférence sur les dictionnaires et les manuels, c'est, nous le répétons :

1° Le *bon marché*. Chacun de nos volumes ne coûte que 10 centimes, et contient comme texte le tiers d'un volume ordinaire de 300 pages vendu 3 fr. 50 et même de 4 à 6 francs.

2° L'*abondance et l'exactitude des renseignements*. — Chacun de nos volumes est rédigé avec le plus grand soin par des auteurs compétents d'après les travaux les plus récents et les plus autorisés.

3° La *commodité du format*. — Chacun de nos volumes peut facilement tenir dans la poche, on peut l'emporter avec soi à la promenade, le lire en voiture, en omnibus, en chemin de fer.

4° La *clarté du texte*. — Les volumes sont imprimés en caractères neufs, lisibles sans fatigue, et les matières sont disposées de telle sorte que d'un coup d'œil on trouve ce que l'on cherche.

5° La *valeur documentaire*. — Chaque volume forme un tout; mais l'ensemble des volumes forme une encyclopédie. Dans chaque volume, chaque sujet est traité à fond. De plus chaque volume est accompagné de documents, de tables de références, de tables statistiques, etc., qui sont d'un usage précieux.

Il suffit d'avoir sous les yeux un seul de nos volumes pour se rendre compte de l'importance de notre collection et des services qu'elle rend.

Tous les volumes de la collection sont rédigés avec le même soin, d'après la même méthode et dans le même but d'utilité.

N. B. Le Livre pour tous *peut être mis dans toutes les mains. C'est la meilleure récompense à donner aux élèves dans toutes les écoles. C'est la collection la plus utile à tout le monde.*

L'éditeur-gérant : L. BOULANGER.

Sceaux. — Imp. Charaire et Cie.

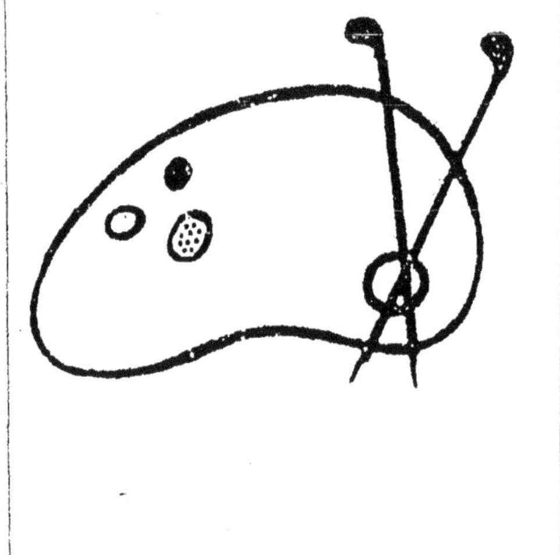

Fin d'une série de documents
en couleur

LES TISSUS FAÇONNÉS

LES TISSUS FAÇONNÉS

Dans un de nos précédents volumes (nº 76 de la collection) nous avons étudié en détail toutes les opérations qui constituent le tissage de la soie unie.

Celui-ci sera consacré au tissage de la soie façonnée et des velours. Nous commencerons par le velours parce que sa fabrication est la plus simple, étant donné ce que l'on sait déjà des tissus unis.

TISSAGE DES VELOURS

Les velours unis et les peluches forment la catégorie des tissus dits de second genre ; leur fabrication a lieu sur le métier à marches ordinaire, ou sur le métier mécanique convenablement modifié et n'ayant de plus que les autres que les rouages qui doivent déterminer les mouvements alternatifs nécessaires à l'opération.

Elle ne diffère, d'ailleurs, de celle qui concerne les tissus ordinaires, que parce que les velours et les peluches ont deux chaînes superposées.

Ces deux chaînes sont entrelacées l'une dans l'autre, en forme d'S sans fin, la première, l'inférieure, devant former le fond ou le corps, tandis que la supérieure sert à former le poil du tissu.

Cet entrelacement se fait, sur le métier, par portions de chaînes tendues entre les deux rouleaux, au moyen de deux baguettes de cuivre appelées *fers*, de forme ovoïde, qui ont en longueur un peu plus que la largeur de l'étoffe. L'ouvrier place successivement ces fers dans les boucles produites par la rencontre des deux chaînes, de facon à les accentuer de toute l'épaisseur que doit avoir l'étoffe; puis il les retire à mesure qu'une rangée de boucles est faite, en ayant soin de n'en retirer qu'une à la fois, pour que les boucles ne se défilent pas.

Métier pour le tissage mécanique.

Les chaînes ainsi préparées et fixées à des lisses disposées à cet effet, on tisse comme à l'ordinaire, si l'on veut faire du velours *épinglé* ou *frisé*.

Si, au contraire, on fabrique dela peluche, on coupe, avec un couteau spécial nommé *rabot*, l'extrémité des boucles de la chaîne supérieure, au moment où elles sont encore soutenues par le fer, qui est muni, à cet effet, d'une rainure longitudinale dans laquelle s'appuie le rabot.

Quelquefois pourtant, pour les velours ras de petite laize, et principalement pour les rubans, on tisse en double, c'est-à-dire à quatre chaînes, et le métier est pourvu au rouleau de devant, d'un rasoir qui fend l'étoffe en deux.

Mais c'est là une fabrication spéciale, qui n'est pas de la soie proprement dite et ne lui appartient que par la matière première.

TISSUS FAÇONNÉS

Nous arrivons à la partie la plus difficile, mais aussi la plus intéressante de la fabrication de la soie, les tissus *façonnés* ou *figurés*, nommés ainsi parce qu'ils sont ornés de dessins de couleurs variées, obtenus par des croisements particuliers de fils de tons différents.

Il ne s'agit plus seulement de lisses qui soulèvent ou rabaissent la moitié de la chaîne, il a fallu trouver de nouveaux moyens, combinés de telle sorte, que chacun des fils de la chaîne puisse se mouvoir soit isolément, soit avec d'autres diversement espacés, pour produire, par chaque passée de trame, qu'on appelle une *duite*, des dessins déterminés.

Empruntons la théorie de l'opération à M. Alcan, professeur de tissage au Conservatoire des Arts-et-Métiers.

« Supposons qu'on ne lève qu'un seul fil sur une ligne et qu'aussitôt on passe une duite, il s'ensuivra que, sur toute la largeur de cette ligne, la trame ne sera apparente qu'en un seul point, dont la grosseur égalera celle du fil.

« Si nous supposons encore que les fils de la trame soient d'une couleur et ceux de la chaîne d'une autre, que par exemple les premiers soient blancs et les seconds noirs, il est facile de comprendre qu'on pourra réaliser sur la même duite autant de points semblables qu'on voudra : il suffira pour cela de lever un égal nombre de fils.

« On concevra également que cette manœuvre peut varier pour chaque duite, suivant des combinaisons de croisement et de couleurs arrêtées d'avance, et de manière à reproduire des effets aussi variés que ceux que produirait le crayon du dessinateur, ou mieux le pinceau d'un peintre; crayon et pinceau dont chaque fil tient en quelque sorte lieu.

« Enfin, on comprendra aussi que, comme dans tout dessin, même dans le plus compliqué, il y a toujours des parties qui se répètent, il est possible de simplifier le travail du tisseur en réunissant et en faisant mouvoir ensemble tous les fils d'une même ligne, ou d'une duite, destinés à réaliser des effets semblables. »

Toute la question est donc, en effet, dans les moyens pratiques d'enlever les fils de la chaîne au moment opportun.

Jusqu'au XVIIe siècle on se servit de métiers, dits à la *petite tire*, dans lesquels un ouvrier placé au-dessus du métier tirait les fils qu'il fallait, au commandement du tisseur. Claude Dangon inventa les métiers à *grande tire*, en changeant la disposition des cordons de tirage, de façon qu'on pût les manœuvrer d'en bas. Ce système permit de faire des étoffes plus larges.

En 1725, un ouvrier, nommé Bazile Bouchon, inventa un mécanisme, — connu sous le nom de Falcon parce que c'est dans l'atelier de celui-ci qu'il fonctionna plus tard, — qui remplaçait l'inextricable complication de nœuds et de cordes, au lacs qu'il fallait toujours tirer, par des bandes de carton percées de trous en des points déterminés par le dessin et réunis ensemble, de façon à former une surface continue.

C'est le point de départ du métier Jacquard, fusion heureuse des cartons de Falcon et des organes caractéristiques d'une machine que Vaucanson avait inventée et qu'il ne put jamais réussir à faire adopter, ce dont il se vengea en la faisant fonctionner par un âne.

C'était fort spirituel, mais cela ne prouvait pas que la machine, qu'on peut voir au Conservatoire des Arts-et-Métiers, fût pratique ; pas plus du reste que celle que construisit ensuite Falcon.

MÉTIER A LA JACQUARD

La seule qui le fut réellement est la machine de Jacquard, qui ne date que du commencement du siècle. Encore ne le devint-elle qu'après les perfectionnements qu'y apporta un mécanicien habile, nommé Breton, de 1805 à 1816 ; c'est alors que le métier, dit à la Jacquard, s'est répandu partout où l'industrie du tissage a une certaine importance et on l'a depuis enrichi d'améliorations si considérables, que le premier inventeur aurait bien de la peine à le reconnaître aujourd'hui.

Le métier à la Jacquard est, en somme, un métier ordinaire avec tous les organes que nous avons déjà décrits, mais augmenté d'un second étage, comprenant le mécanisme destiné à soulever les fils de la chaîne; mécanisme qui paraît d'une complication extrême, mais qui est cependant assez facile à comprendre d'après nos dessins.

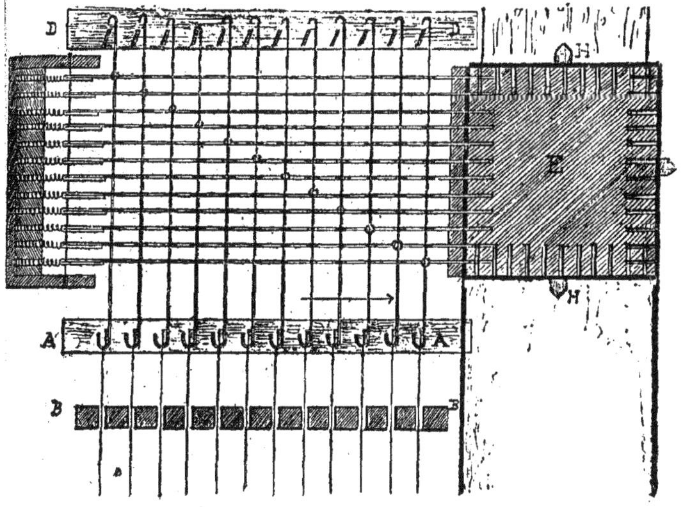

Mécanisme du système Jacquard.

Les fils, nommés *arcades*, qui passent entre les interstices de la planche à collets BB, correspondent à tous les fils de la chaîne qui doivent être soulevés en même temps, pour donner passage aux fils de trame, et sont rattachés, par leur extrémité supérieure, à des aiguilles accrochées elles-mêmes à la lisse AA, de telle sorte que si l'aiguille soulève la lisse, elle soulèvera en même temps le fil de chaîne.

Ces aiguilles, ou broches verticales, qui portent d'ailleurs le nom de *crochets*, parce qu'elles sont recourbées aux deux bouts, sont fixées par leur courbe supérieure à des lamelles inclinées de telle sorte que le moindre effort les leur fasse quitter. — De plus elles sont passées, une à une, dans un œil ovale pratiqué dans un nombre égal de broches horizontales nommées *aiguilles*, qui s'appuient, par une de leurs extrémités, sur autant de ressorts à boudins placés dans la boîte C et qui les renvoient à leur position première au moindre choc.

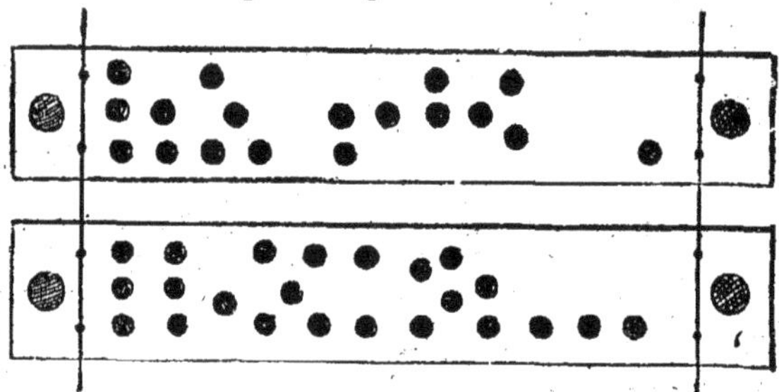

Carton découpés. — Système Jacquard.

Si les aiguilles sont repoussées en arrière, comme elles entraînent en même temps les broches verticales, le crochet de celles-ci quittera la lame inclinée ; si l'on soulève alors la traverse DD, seules les broches dont le crochet est encore engagé dans la lamelle seront entraînées par la traverse et soulèveront les arcades correspondantes qui passent en BB, et qui soulèveront à leur tour les fils de chaîne sous lesquels devra passer la navette.

Toute la question était d'obtenir des aiguilles, isolément, un mouvement automatique, réglé sur les besoins du dessin à exécuter, et voici comment on y arriva :

En regard de la boîte où sont les ressorts à boudins, c'est-à-dire à l'autre extrémité des aiguilles, se trouve une autre boîte E, prismatique, percée et en regard, d'autant de trous qu'il y a d'aiguilles horizontales.

Ce prisme reçoit un mouvement de rotation, au moyen de cames, qui, lorsqu'il tourne, obligent une série de cartons, de même dimension que lui, et assemblés à la file comme les feuilles d'un paravent, de façon à se succéder sans interruption, à venir se placer l'un après l'autre sur sa face intérieure, celle qui regarde la pointe des aiguilles.

Si ces cartons étaient pleins ils exerceraient sur toutes les aiguilles, — qui, poussées par le ressort à boudin ne trouveraient plus à se loger dans les trous du prisme, — une pression égale, et d'après le mécanisme dont nous venons de parler, aucune lisse ne serait soulevée.

Mais ils ont, au contraire, des parties pleines et d'autres qui sont percées de trous ronds, à des places qui se trouvent précisément la continuation des trous du prisme, de façon qu'alors qu'un carton obéit au mouvement de rotation qui l'amène sur la face intérieure du prisme, le bout des aiguilles, qui ne rencontrent point d'obstacles, entre dans le trou du prisme, en passant à travers le carton ; et, comme ce mouvement a déplacé les broches, il n'en faut pas plus pour faire monter les fils de la chaîne, engagés dans les anneaux correspondant à ces broches.

Un nouveau coup de trame amène un nouveau carton devant le prisme ; car chacun de ces cartons est percé du nombre de trous nécessaire pour la quantité de tiges verticales, qu'il faut soulever pour former la partie d'un dessin comprise dans une duite ; il faut donc autant de cartons, percés de trous disposés selon la nature du dessin à exécuter, qu'il y a de passées de navette à faire pour le tisser en entier ; c'est-à-dire un nombre effrayant, qui dépasse quelquefois quarante mille, souvent beaucoup plus, quand un même dessin ne se répète pas à intervalles très rapprochés.

Nous verrons tout à l'heure comment se découpent tous ces cartons ; occupons-nous d'abord du montage du métier, avec une machine Jacquard, qui est autrement laborieux que celui du métier à fabriquer de l'uni.

MONTAGE DU MÉTIER A LA JACQUARD

Avant de faire passer, un à un, les fils de la chaîne dans le remisse et dans le peigne, qui servent à tisser le fond de l'étoffe, il faut les placer dans ce qu'on appelle le *corps*, qui ne sert absolument qu'à former le dessin.

Le *corps* est, de fait, la partie pendante du mécanisme Jacquard. Il se compose de l'ensemble des cordes verticales qu'on appelle *arcades*, et qui, comme nous l'avons vu, traversent la planche à collets avant de s'attacher à un crochet de la machine, qui lui donne le mouvement nécessaire.

Chaque arcade se termine à sa partie inférieure par un maillon en verre percé de plusieurs trous; chaque fil de la chaîne doit être passé dans un des trous de ces maillons, où l'on en compte quelquefois jusqu'à dix ou douze, selon la délicatesse que l'on veut donner aux traits et aux contours du dessin. C'est, d'ailleurs, le dessin qui détermine le nombre des maillons composant le corps.

Ce nombre est rarement inférieur à mille, mais souvent supérieur à deux ou trois mille, en supposant seulement une étoffe de 60 centimètres de largeur; car pour les tissus de grande laize, destinés aux tentures d'appartement, il augmente dans des proportions considérables.

Le passage des fils dans les trous des maillons est facilité par la rigidité des arcades, qui est obtenue à l'aide d'un poids en plomb, attaché au-dessous de chaque maillon.

Mais avant d'entreprendre cette longue et méticuleuse opération, qui ne peut être faite qu'à la main, on procède à l'*empoutage*, au *colletage* et à l'*appareillage*.

L'*empoutage* est la disposition des arcades dans les trous de la planche à collets, plateau de bois horizontalement placé au-dessus de la chaîne et préparé spécialement pour chaque dessin, c'est-à-dire percé d'autant de trous que le dessin qu'il s'agit de produire exige de maillons.

La disposition des arcades est donc aussi subordonnée au dessin à exécuter, qui peut être à un ou plusieurs *chemin*[*], ou en termes moins techniques, se reproduire une ou plusieurs fois dans la largeur de l'étoffe.

Le *colletage* est la disposition, qui rappelle d'ailleurs celle des collets, dans laquelle les arcades, après avoir traversé la planche, viennent s'attacher sur la lisse aux crochets verticaux du mécanisme, crochets qui naturellement sont aussi nombreux que les arcades.

L'*appareillage* consiste dans l'alignement des maillons, sur une ligne, rigoureusement horizontale; car il importe que les fils de la chaîne, qui sont passés dedans, soient régulièrement tendus.

Quand on en a fini avec le corps, on procède comme dans le métier ordinaire et l'on passe successivement tous les fils de chaîne dans le remisse, dans le peigne, et on les fixe, après les avoir noués, sur le rouleau de devant.

LE DESSIN

Le tissage peut alors commencer : car on a, pendant les opérations précédentes, quelquefois même avant qu'elles ne se fassent, préparé non pas le dessin, qui est nécessairement arrêté avant le montage du métier, mais les moyens pratiques de transformation qu'il doit subir, pour se reproduire mécaniquement sur l'étoffe.

Cette préparation comporte quatre opérations importantes : la *mise en carte*, le *lisage*, le *piquage* et l'*enlaçage*.

MISE EN CARTE

Le mise en carte se fait par un dessinateur spécial qui transporte, à une échelle plus grande, le dessin adopté, sur du papier régulièrement quadrillé, du même genre que celui qu'on emploie pour faire les modèles de tapisserie à la main.

Mais son dessin est tout mathématique; ainsi les lignes verticales de son papier représentent chacune une arcade du métier, et sont pour cela appelées *cordes*, tandis que les lignes horizontales qui figurent les passées de trame, s'appellent *coups*.

Il en résulte que chaque croisement de lignes réprésente un point de l'étoffe. Si ce point fait partie du dessin, il est recouvert de couleur; et c'est la réunion de tous ces points, coloriés du ton qu'ils doivent avoir sur l'étoffe, qui constitue la mise en carte du dessin.

Il est bien entendu que tous les papiers ne sont pas quadrillés de même manière, car il y a des étoffes dans lesquelles les cordes sont plus nombreuses que les coups, d'autres où c'est le contraire qui a lieu ; le dessinateur sait, d'ailleurs, selon la fabrication qu'on veut faire, quel papier il doit employer, et il le prend à carreaux d'autant plus grands que le dessin est plus compliqué.

Cela lui permet de bien combiner son travail dans tous ses détails, et cela facilite singulièrement l'opération du lisage.

LISAGE

Ce mot a une signification double : il s'applique à l'opération de *lire* un dessin et désigne aussi la machine sur laquelle cette opération se fait.

Cette machine, que présente notre gravure de la page 13, est un bâti en bois de 4 piliers verticaux de 2 mètres de hauteur, reliés en carré par des traverses latérales.

Les deux côtés, devant et derrière, du lisage se terminent par deux châssis sur lesquels sont placés, parallèlement entre eux, un certain nombre de rouleaux en bois : en bas, et fixé par un axe sur les traverses inférieures de la machine, est un tambour de 50 centimètres de diamètre, parallèle aux rouleaux et en communication avec eux par un grand nombre de cordes sans fin, dont la tension est maintenue égale, par l'addition à chaque corde d'un petit poids en plomb comme ceux que l'on met aux métiers.

Sur le devant de *lisage* se pose, sur une planchette fixée aux deux montants de la machine et qu'on appelle l'*escalette*, le dessin, mis en carte, qu'il s'agit de lire.

Lire un dessin, c'est le traduire mécaniquement, pratiquement, sur les cordes de la machine.

A cet effet l'ouvrière assise devant l'escalette, et ayant préalablement disposé à sa portée un nombre des cordes du rouleau de devant égal à celui de la carte, commence à la lire en suivant la première ligne horizontale, c'est-à-dire le premier coup de trame.

Elle sépare avec ses doigts toutes les cordes du lisage, correspondant à celles de la carte qui sont couvertes par le dessin, et elle fait passer derrière, en les croisant comme au tissage, une corde flottante, qui n'appartient pas au lisage, et qu'on appelle *embarde*.

Cette embarde représentant un coup de navette, il faut recommencer l'opération autant de fois qu'il y a de couleurs

Le lisage.

différentes sur le même coup de la carte, et la réunion de toutes les embardes d'un coup de la carte se nomme une *passée*.

La passée finie, l'ouvrière se met à en faire une nouvelle, en lisant la seconde ligne horizontale de la carte, et ainsi de suite jusqu'à ce que le dessin soit entièrement lu, c'est-à-dire figuré par des cordes et des embardes, croisées exactement comme les fils de la chaîne et ceux de la trame le seront dans l'étoffe.

LE PIQUAGE

Le lisage terminé, il s'agit de le reporter sur des cartons; c'est ce qu'on appelle le piquage.

Cette opération se fait sur la même machine, et au fur et à mesure de celle qui la prépare, par un ouvrier placé à l'arrière, où se trouve dans une position correspondante à celle que l'escalette occupe à l'avant, un plateau en métal, percé d'autant de trous qu'il y a de cordes au lisage et qu'on appelle assez justement *étui*, parce que chacun de ces trous sert d'étui à un emporte-pièce en acier, et qui est rendu mobile par le mécanisme suivant, que nous suivrons seulement sur une corde, bien qu'il se rapporte à toutes.

Si l'on tire sur une corde, pour lui faire faire une révolution autour du tambour et des rouleaux, en quittant l'escalette elle descend sous le tambour, remonte sur l'un des rouleaux supérieurs du derrière des bâtis, traverse un anneau auquel est fixé le poids qui la maintient rigide, et revient à l'escalette.

Mais en faisant ce trajet et en arrivant en face de l'escalette, elle passe dans le chas d'une aiguille horizontale, dont l'extrémité communique exactement à l'un des trous de l'étui et conséquemment à un emporte-pièce, de sorte que, si en ce moment on la tirait à soi, de derrière, elle amènerait une aiguille, qui chasserait un emporte-pièce.

Eh bien! c'est précisément ce que fait le *piqueur*, non pas sur une corde isolée, mais par embardes et sur toutes les cordes à la fois.

Sitôt que le liseur a terminé une passée, il l'amène de son côté en faisant glisser toutes les cordes sous le tambour; quand elle est en face de lui, il prend la première embarde par ses deux bouts, l'attire fortement à lui, et avec elle, naturellement, toutes les cordes sous lesquelles elle est

Le piquage (première opération).

passée, qui par ce mouvement chassent à la fois tous les emporte-pièces correspondants; lesquels viennent se fixer dans une plaque métallique, qui est la répétition exacte de l'étui contre lequel elle est appliquée, de sorte que ces emporte-pièces, aussi coupants d'un côté que de l'autre,

Le piquage. — Poinçonnage des cartons.

forment sur la plaque une sorte de matrice, dont on tire sur carton autant d'épreuves que l'on veut, en la portant sous une presse en fonte, sorte de machine à estamper que l'on peut voir sur les deux gravures qui représentent les deux phases de l'opération.

Il suffit, en effet, de donner un coup de presse pour que la bande de carton, de grandeur exactement semblable à celle de la plaque, soit percée d'autant de trous qu'il y a d'emporte-pièces ou, au point de vue pratique, d'autant de trous qu'il y a dans le même coup de trame, de cordes couvertes d'un point de la même couleur.

Le carton, qui servira de guide au mécanisme du métier, perforé, le piqueur reporte la plaque, toujours garnie de ses emporte-pièces, qu'il fait rentrer dans les trous de l'étui, à l'aide d'une troisième plaque garnie d'aiguilles correspondantes, et il recommence, par une seconde embarde, l'opération, qu'il continue autant de fois qu'il y aura de coups de trame dans le dessin à exécuter.

Nous l'avons dit déjà, il y a des dessins qui demandent 40,000 cartons et plus, et cela seul suffit à expliquer la cherté des belles étoffes de soie; car rien que pour le piquage il y a une main-d'œuvre effrayante, sans compter la matière première.

On était bien arrivé, vers 1836, à remplacer le carton par du papier, avec une mécanique nouvelle; mais on n'a point donné suite aux essais de ce système qui sans doute présentait des inconvénients, mais qu'on n'aurait pas tardé à améliorer et à rendre pratique. Les Anglais l'ont fait, du reste, et un de ces jours, si ce n'est déjà fait, nos fabricants adopteront cette machine qui se prétend écossaise, bien qu'elle soit en réalité d'un ouvrier lyonnais qui, comme tant d'autres, n'a pas pu être prophète dans son pays, si bien qu'on n'en connaît pas même le nom.

Le prix de la main-d'œuvre est singulièrement diminué par le travail mécanique qui se fait maintenant à Lyon, chez quelques liseurs, outillés pour cela, et qui font mouvoir leur lisage par des moteurs à gaz, système Otto.

Ces machines ne diffèrent pas sensiblement des anciennes, et d'ailleurs elles ne font mécaniquement que le poinçonnage ; car il faut toujours que le dessin mis en carte soit d'abord lu et traduit manuellement. Malgré cela elles font réaliser une grande économie de temps, qui s'explique en ce sens que le piqueur n'a plus besoin de se déranger et que les embardes arrivent, l'une après l'autre, faire manœuvrer les emporte-pièces qui percent tout de suite les cartons, que l'on assemble par avance pour ne pas interrompre la continuité du travail.

ENLAÇAGE

L'enlaçage, sauf le cas dont nous venons de parler tout à l'heure, est l'opération qui suit le piquage ; et c'est tout simple, puisqu'elle consiste dans l'assemblement, au moyen de liens, de tous les cartons piqués, dans l'ordre où ils doivent se présenter à la mécanique.

Quelquefois, quand le dessin n'est pas très compliqué, on n'en fait qu'une seule chaîne ; mais, le plus souvent, on les divise par paquets de mille cartons.

MÉTIERS A CYLINDRES

Pour l'exécution des dessins faciles, quelques fabricants ont à peu près renoncé au système des cartons, en adoptant le métier à cylindres, qui fait le même travail de soulèvement des fils, mais d'une autre manière.

C'est un métier ordinaire auquel on ajoute, au lieu de l'appareil Jacquard, un cylindre garni de *cames* ou *touches*, qui ressemble tout à fait au cylindre adapté aux orgues de Barbarie.

Ces touches forment autant de rangées qu'il y a de séries de fils à lever pour l'exécution du dessin, et dans chaque rangée, chacune d'elles est naturellement placée de façon à correspondre avec celui des fils qui doit être soulevé à chaque passée de trame.

En faisant tourner le tambour, au fur et à mesure du travail, pour qu'il présente successivement chacune de ses rangées de touches aux leviers disposés pour commander les

Piquage des cartons à la machine.

lisses, on obtient forcément les levées des fils de la chaîne, suivant l'ordre préparé par la disposition des cames.

Ce système est plus économique que le Jacquard, mais il ne peut être adopté que pour des dessins sans complications et sans grandes variétés de couleurs.

TISSAGE DES ÉTOFFES FAÇONNÉES

Le métier monté, comme nous l'avons dit; les cartons empilés au pied de la machine, comme on le voit dans la gravure de la page 23, et le premier, posé sur le prisme de l'appareil Jacquard, le tissage peut commencer.

L'opération est à peu près la même que pour l'uni, mais elle demande à la fois plus de soin et plus de travail.

L'ouvrier assis devant le métier, en face du rouleau de devant, appuie de tout son poids sur la marche qui correspond à la mécanique, placée au-dessus du métier, par un cordon ajusté à l'extrémité de la marche, c'est-à-dire derrière le tisseur.

Par ce mouvement, il soulève le mécanisme supérieur par un levier du premier genre, et avec lui les arcades, les maillons et conséquemment tous les fils de la chaîne qui corespondent aux trous du carton; en même temps il tire le bouton qui actionne la navette, la chasse de gauche à droite, ce qui lui fait passer le fil de trame entre les fils qui sont levés et ceux qui sont restés à leur place. Il donne ensuite un coup de battant pour serrer son tissu.

Il enfonce alors la seconde marche, ce qui fait succéder le second carton au premier et change de place tous les fils de la chaîne, selon les nécessités du dessin, renvoie de droite à gauche sa navette et continue ainsi, changeant de navette quand il doit passer des fils de trame de couleurs différentes, ce qui est moins fréquent qu'on ne se l'imagine, car la chaîne est également préparée avec des fils de couleurs alternées, selon que les dessins à exécuter sont à deux ou plusieurs chemins.

En se rendant compte de ce travail, il est facile de com-

Enlaçage des cartons.

prendre que la trame est visible sur les fils qui restent en fonds, et de l'autre côté, sous ceux qui ont été levés au moyen de leur correspondance avec les trous du carton, qui se renouvelle, bien entendu, à chaque passée de trame.

Or, comme ces trous (nous l'avons vu par l'opération du piquage) correspondent exactement aux points qui, sur la carte, sont couverts par la couleur, il s'ensuit que le dessin s'exécute mécaniquement, mais l'endroit en dessous du métier, de façon que l'ouvrier ne voit en travaillant que l'envers de l'étoffe qu'il tisse.

Cela n'a, du reste, aucun inconvénient puisque le dessin, réglé par les cartons, s'exécute automatiquement; la seule difficulté pour l'ouvrier est le changement des couleurs qui lui est d'ailleurs indiqué par une mise en carte qu'il a sous les yeux et sur laquelle il peut compter les duites de même couleur qu'il doit passer. Et cela ne l'empêche pas d'aller très vite, car il y a des tisseurs qui donnent jusqu'à 12,000 coups de navette par jour.

BATTANT BROCHEUR

Où le travail devient vraiment, sinon très difficile, du moins très minutieux, c'est quand il s'agit d'étoffes qu'on appelle *brochées*, parce que le dessin contenant un très grand nombre de couleurs, n'est pas tramé dans toute la largeur de l'étoffe, mais en quelque sorte appliqué ou broché sur le tissu.

Pour cette fabrication les grandes navettes, qui traversent la chaîne d'une lisière à l'autre, ne sont pas applicables; du moins elles ne sont plus appliquées depuis 1838, époque à laquelle un habile fabricant de Lyon, M. Prosper Meynier, inventa le battant brocheur, qui seul permet de faire des dessins solides ne disparaissant pas à l'usage, comme cela arrivait avant; et cela d'une façon relativement économique, puisqu'il n'est plus besoin de perdre, en augmentant inutilement le poids de l'étoffe, les bouts de fils qui ne doivent point paraître sur le tissu.

Tissage de la soie façonnée au métier de la Jacquard.

« Le battant brocheur, dit M. Alcan, se compose d'une série d'*espolins*, ou petites navettes, placés sur une ligne horizontale et pouvant se mouvoir simultanément, en fournissant chacun une course égale entre eux.

« La somme de ces courses partielles donne toujours une course moindre que celle d'une duite; car les espolins ne sont disposés que pour exécuter le broché, de place en place, chacun d'eux pouvant être muni d'un fil d'une couleur différente ; on aura par conséquent le moyen, à chaque coup de battant, de produire autant de petites duites de nuances diverses qu'il y en a au battant; et comme chacun ne fournit de fil qu'aux places nécessaires pour le broché, le tissu ne présentera plus de brides à l'envers ; le façonné se trouvera solidement incorporé avec la duite du fond de l'étoffe, quoique le tissu orné par cette méthode contienne bien moins de matière et soit moins lourd que s'il avait été exécuté au *lancé*, c'est-à-dire par la méthode ordinaire. »

Malgré l'ingéniosité de l'appareil, l'opération est délicate, car le nombre des espolins est quelquefois très considérable; pour les grandes étoffes à tenture, notamment, il faut souvent en employer plus de quarante à la fois.

Cela donne une idée de l'attention et du soin qu'il faut à l'ouvrier pour ne pas se tromper dans la nuance d'un dessin, qu'il ne voit pas même, et pour l'exécution duquel il n'a pour guide que sa mise en carte.

Et l'on doit comprendre que ce travail va beaucoup moins vite que le tissage ordinaire; d'autant qu'il faut s'arrêter souvent soit pour *rhabiller* les fils de chaîne qui se cassent et qu'il faut replacer bien exactement dans les mêmes maillons, soit pour renouer les fils de trame, qui malgré les passages mécaniques et par conséquent plus calculés de la navette, se brisent encore assez facilement.

Enfin la pièce finie, l'ouvrier la rend à la fabrique, où le receveur l'examine minutieusement, en constate les défauts pour retenir au tisseur, sous forme d'amendes, les sommes nécessaires à faire corriger ceux qui sont susceptibles de l'être. Cette opération faite par d'habiles ouvrières qu'on appelle *rentrayeuses*, parce qu'elles rentrent avec des pointes d'aiguilles

les portions de fils qui font saillie sur le tissu, l'étoffe n'a plus à subir que l'apprêt, à moins toutefois, comme cela arrive pour les soieries de teintes très claires, où pour celles qu'on ne veut teindre qu'après le tissage, qu'on ne juge à propos de les envoyer au blanchiment.

BLANCHIMENT DES TISSUS

Les étoffes de soie donnée au blanchisseur sont ou écrues, c'est-à-dire n'ayant pas été préalablement soumises au décreusage, ou dégommées.

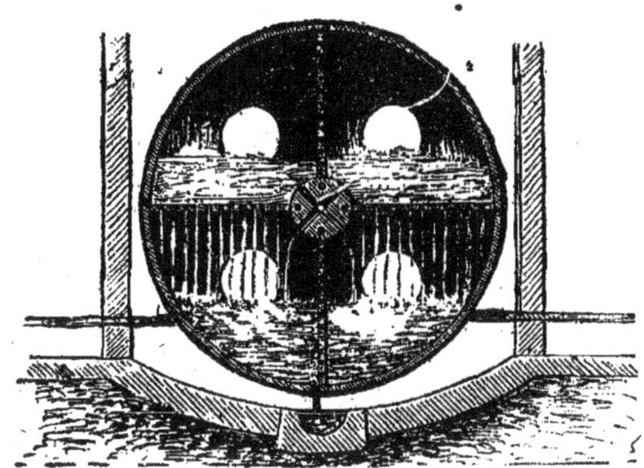

Roue à laver.

Dans ce dernier cas, l'opération est des plus simples; on se contente d'immerger les tissus dans une eau courante, puis on les fait bouillir pendant une heure dans une lessive composée de 60 grammes de savon blanc et 500 grammes de son par pièce de dix mètres, ensuite on les dégorge en eau chauffée à 40 degrés, puis à l'eau froide, après quoi ils sont nettoyés dans les roues à laver et asséchés dans les essoreuses.

Les roues à laver sont de plusieurs sortes : mais elles se composent essentiellement d'un vaste tambour en bois, dont l'intérieur est divisé en un certain nombre de compartiments (le plus généralement quatre) qu'on appelle chambres, par des planchers percés de trous. Chacune de ces chambres a sur le côté du tambour une ouverture par laquelle on introduit les étoffes.

Le tambour, plongeant de 25 à 30 centimètres dans une eau courante, et nécessairement mobile autour de son axe, est chargé de pièces de tissus, et mis en mouvement avec une vitesse de 20 à 24 tours par minute; les chambres passent simultanément dans l'eau, mais pour qu'elles en recoivent encore davantage, des tuyaux disposés à l'orifice de chaque ouverture en amènent continuellement d'un réservoir supérieur.

Essoreuse, système Pierron.

Les étoffes entraînées par la force centrifuge montent jusqu'en haut de la roue et retombent par leur propre poids sur le plancher de la chambre qui les contient : et cela si souvent et si vite que grâce à l'eau toujours renouvelée dessus, en un quart d'heure elles sont complètement nettoyées et prêtes à passer aux essoreuses.

Il y a de nombreux systèmes d'essoreuses ceux de MM. Pierron et Dehaître de Paris et de MM. Tulpin frères de Rouen sont des plus répandus.

Essoreuse Tulpin.

Dans le premier la machine est une cage verticale en tôle perforée, placée au centre d'une enveloppe en fonte et pouvant se mouvoir avec une vitesse de 1,500 à 1,800 tours par minute, si bien qu'en très peu de temps les étoffes se débarassent entièrement de l'eau qu'elles contenaient et qu'il ne leur reste plus qu'un peu de moiteur.

L'essoreuse Tulpin diffère surtout par le mécanisme moteur.

Le mouvement est imprimé au panier qui reçoit l'étoffe mouillée, à l'aide d'un plateau vertical de friction, qui communique avec l'axe par une roue placée au centre du plateau, au moyen d'un petit volant à main, qui fait glisser à volonté le canon qui la porte.

La pression du plateau agit alors et le mouvement, d'abord lent, s'accélère rapidement ; l'eau est séparée de l'étoffe d'autant plus facilement que le panier fait avec un tissu de fils métalliques est à mailles plus larges.

En sept ou huit minutes on obtient avec ces machines un séchage complet.

Ou du moins presque complet, car en sortant de là, les étoffes qui n'ont pas été dépliées, ont besoin d'aller à l'étendage ou à ce qui le remplace. Car si l'étendage sur des cordes est suffisant pour des écheveaux de soie, il ne l'est pas pour les tissus, que l'on passe à la vapeur sur des rouleaux sécheurs, disposés de différentes façons, car les systèmes ne manquent pas.

Le plus nouveau est celui de MM. Kœrting frères, qui ont adapté au séchage un ventilateur à jet de vapeur dont on comprendra facilement le fonctionnement à l'aide de notre gravure de la page 29.

T est la machine à sécher, dans laquelle on voit le tissu passer alternativement sur une série de rouleaux, avec son entrée et sa sortie en dehors.

H est l'appareil pour chauffer l'air au-dessous duquel, en L, est la conduite par laquelle l'air chaud pénètre dans le séchoir.

E est la valve de réglage dans cet appareil, de l'admission de vapeur dont le jet arrive par le petit conduit *e*.

C est le purgeur automatique pour l'eau de condensation, produite dans l'appareil de chauffage, par le jet de vapeur.

V est l'ensemble du ventilateur installé dans une cheminée d'appel et mû par une prise de vapeur arrivant par le tuyau *d* et dont l'admission est réglée par le robinet D.

En B est le tuyau d'écoulement pour l'eau condensée dans le ventilateur.

Pour le blanchiment des soies écrues, le travail est plus

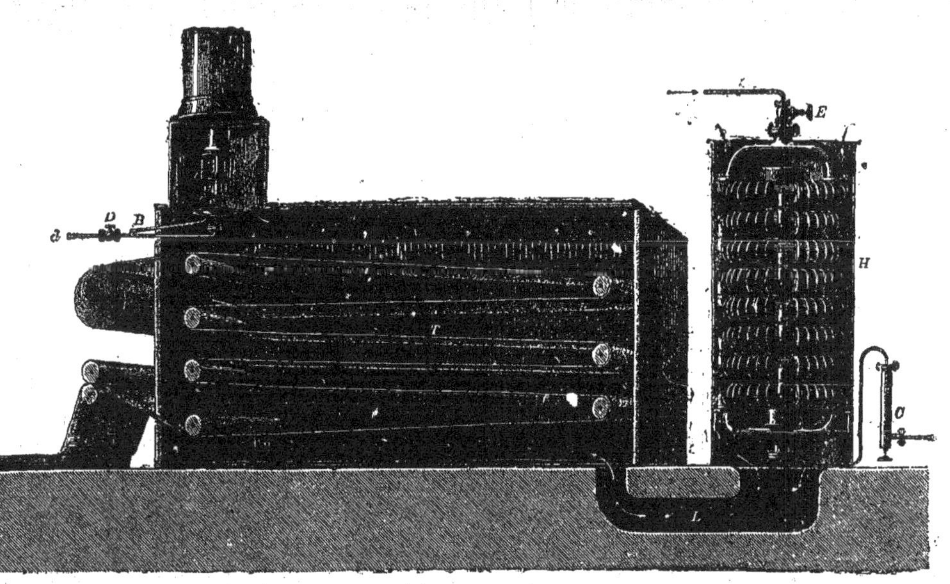

Séchage au ventilateur à jet de vapeur, système Koerting.

considérable, il comporte deux opérations : le dégraissage et la décoloration.

Par la première, on immerge les étoffes après les avoir introduites, par pièces, en sac, dans une lessive bouillante contenant 250 grammes de savon par kilogramme de soie, où on les laisse 2 heures ; après quoi on nettoie à l'eau courante et l'on donne un second bain semblable au premier ; puis, après un dégorgeage dans la roue à laver, que l'on termine en ajoutant à l'eau 15 grammes de bicarbonate de soude cristallisé, pour chaque pièce de dix mètres, on la dégorge de nouveau pour la passer dans un bain très faible d'acide sulfurique ; puis on la lave à l'eau chaude et on la rince, par un battage à l'eau fraîche, dans la roue à laver.

Quant à la décoloration, elle n'a pour objet que les tissus unis qui doivent être teints ensuite en nuances très tendres, et se fait au moyen de bains dans l'acide sulfureux liquide, en agissant avec la plus grande circonspection, si l'on ne veut pas altérer la qualité du tissu.

Ce soufrage est cependant bon dans tous les cas, car non seulement il augmente la blancheur de la soie, mais encore il lui donne cette espèce de frémissement élastique qu'elle éprouve, quand on la presse avec les doigts, et qu'on appelle *froufrou.*

Il faut pourtant excepter le cas où la soie doit être moirée, car le soufrage nuirait à cette espèce d'apprêt que l'on donne aux étoffes, en les passant sous un laminoir dont la surface gaufrée produit le miroitement.

L. Huard.

TABLE DES MATIÈRES

Sceaux. — Imp. Charaire et Cie.

www.ingramcontent.com/pod-product-compliance
Ingram Content Group UK Ltd.
Pitfield, Milton Keynes, MK11 3LW, UK
UKHW020222200726
13856UKWH00004B/1564

9 782012 785328